天文简观

少年科学家
通识丛书

《少年科学家通识丛书》
编委会 编

中国大百科全书出版社

图书在版编目（CIP）数据

天文简观／《少年科学家通识丛书》编委会编 . 一

北京：中国大百科全书出版社，2023.7

　　（少年科学家通识丛书）

　　ISBN 978-7-5202-1376-9

　　I . ①天… II . ①少… III . ①天文学—少年读物

IV . ① P1-49

中国国家版本馆 CIP 数据核字（2023）第 124867 号

出　版　人：刘祚臣

责任编辑：裴菲菲

封面设计：魏　魏

责任印制：邹景峰

出　　　版：中国大百科全书出版社

地　　　址：北京市西城区阜成门北大街 17 号

网　　　址：http://www.ecph.com.cn

电　　　话：010-88390718

图文制作：北京杰瑞腾达科技发展有限公司

印　　　刷：小森印刷（北京）有限公司

字　　　数：100 千字

印　　　张：8

开　　　本：710 毫米 ×1000 毫米　　1/16

版　　　次：2023 年 7 月第 1 版

印　　　次：2023 年 7 月第 1 次印刷

书　　　号：978-7-5202-1376-9

定　　　价：28. 00 元

我们为什么要学科学

世界日新月异，科学从未停下发展的脚步。智能手机、新能源汽车、人工智能机器人……新事物层出不穷。科学既是探索未知世界的一个窗口，又是一种理性的思维方式。

为什么要学习科学？它能为青少年的成长带来哪些好处呢？

首先，学习科学可以让青少年获得认知世界的能力。其次，学习科学可以让青少年掌握解决问题的方法。第三，学习科学可以提升青少年的辩证思维能力。第四，学习科学可以让青少年保持好奇心。

中华民族处在伟大复兴的关键时期，恰逢世界处于百年未有之大变局。少年强则国强。加强青少年科学教育，是对未来最好的投资。《少年科学家通识丛书》是一套基于《中国大百科全书》编写的原创青少年科学教育读物。丛书内容涵盖科技史、天文、地理、生物等领域，与学习、生活密切相关，将科学方法、科学思想和科学精神融会于基础科学知识之中，旨在为青少年打开科学之窗，帮助青少年拓展眼界、开阔思维，提升他们的科学素养和探索精神。

《少年科学家通识丛书》编委会

2023 年 6 月

第四章 古典星象——中国古代天文学名词

第五章 谜图观天——中国古星图和古天文台

第六章　古今"谈"天——中国著名天文学家

第七章　天文"星"河——世界著名天文学家

第一章

百家争鸣——古代和中世纪天文学

考古天文学

　　天文学史领域中新近发展起来的一个分支，它使用考古学的手段和天文学的方法来研究古代人类文明的各种遗址和遗物，从中探索有关古代天文学方面的内容及其发展状况。史前时期尚无文字，考古材料是了解当时人类文明最主要的依据，因此考古天文学较多地注意史前时期。在有史阶段，考古发掘所得的有关天文学内容的非文字资料，也是考古天文学的研究对象，所以考古天文学是考古学和天文学相结合的产物。它对天文学史的研究有很大意义，对考古学乃至现代天文学也有一定意义。

考古天文学的兴起，始于对英国索尔兹伯里以北的古代巨石建筑遗址，即著名的巨石阵所进行的研究。早在两百多年前就有人注意到，巨石阵的主轴线指向夏至时日出的方位，其中有两块石头（现在的标号为94号和93号）的连线指向冬至时日落的方位。20世纪初，英国天文学家洛基尔进一步研究了巨石阵。他提出，从巨石阵中心望去，有一块石头（93号），正指向5月6日和8月8日日落的位置；而另一块石头（91号），则指向2月5日和11月8日日出的位置。因此他推论，在建巨石阵的时代（约公元前2000年）已有一年分八个节气的历法。他的工作引起了许多天文学家和考古学家的注意。人们猜测，巨石阵是远古人类为观测天象而建造的，于是，对巨石阵进行了多次发掘。60年代初，纽汉提出他找到了指向春分日和秋分日日出方位的标志，并提出，91、92、93、94号四块石头构成一个矩形。矩形的长边指向月亮的最南升起点和最北下落点的方位。差不多同时，天文学家霍金斯使用电子计算机对巨石阵中大量石头构成的各种指向线进行了分析计算，又找出许多新的指示日、月出没方位的指向线。考虑到现存的巨石阵遗址是分三次、前后相隔几个世纪建造的，而每次建造中都有指向日、月出没方位的指向线，因此霍金斯认为，巨石阵是古人有意建造的观测太阳、月亮的观象台。他甚至认为，巨石阵中56个围成一个圆圈的奥布里洞能用来预报月食。后来天文学家霍伊尔更认为巨石阵能预报日食。

除了巨石阵以外，人们还注意到其他许多的巨石结构和古代建筑有天文学意义。英国工程学教授汤姆自20世纪30年代起对大量巨石遗址进行了勘测工作。他发现，除了圆形的巨石阵外，还有卵形、扁圆形、椭圆形及排成直线的巨石建筑。他在60年代提出，这些巨石遗址或者自身或者与附近突出的自然地貌结合，构成指示日、月出没方位的指向线。他认为，在石器时代和青铜器时代早期，人类已经有较多的几何学知识，已能预报日食和月食，并能区分出在一回归年中太阳赤纬变化的十六个相等的间隔，即一年有十六个节气。

上述对巨石阵等的天文学研究并不是完全没有争议的。

英国巨石阵

特别对于能预报日食和月食等结论，有不少人持保留态度。但是，古代建筑中存在有天文学意义的指向线，却得到越来越多的天文学家和考古学家的认同。继英国之后，欧美许多国家的天文学家纷纷致力于寻找古代文化遗址中的这类天文指向线。美国印第安人的"魔轮"（一种用小石块在平地上砌成的两重圆形堆砌物，在外重圆周有6个石堆）、中美洲玛雅人的遗址等等，都有人研究过。例如，美国天文学家埃迪曾亲自作过观测，认为印第安"魔轮"中有一条指向线指示夏至时日出的方位，还有一些线指示某几颗亮星的出没方位等。总之，考古天文学的研究范围不断扩大，从建筑遗址扩大到诸如岩石上的石雕画之类。随着考古天文学研究的发展，出现了专门的学术组织，如美国的考古天文学中心（设在马里兰大学内），这个中心还出版了专门的刊物《考古天文学》。

在中国，考古学和天文学的结合经历了一条稍为不同的道路。中国的考古学家和天文学家，把注意力主要集中在具有天文学内容的大量出土文物上。由于地下文物大量出土，从中得到的古代天文学信息是极为丰富的。例如，今天对战国秦汉时代天文学发展状况的了解，大部分应归功于几座战国墓和汉墓的发掘。考古学家还注意到史前时期人类遗存中的天文学内容。例如，通过对石器时代墓葬方向的考察，探讨远古人类已可能有某种方法测定太阳出没方位；研究陶器上具有天文学意义的图案、刻纹。为了总结和推进对具有天文学意义的古代物质遗存所进行的研究工作，中国社会科学院考古研究所编辑了《中国古代天文文物图集》和《中国古代天文文物研究论文集》两书。

埃及古代天文学

公元前3000年左右，上埃及国王美尼斯统一埃及。从此，埃及历史始有文字记录可考。到公元前332年被马其顿王亚历山大征服为止，埃及共经历31个王朝，第三王朝到第六王朝（约前27世纪～前22世纪）文化最为繁荣。埃及对数学、医学和天文学的重要贡献，都产生在这一时期。闻名世界的金字塔也是在这一时期建造的。据近代测量，最大金字塔底座的南北方向非常准确，在当时没有罗盘的条件下，必然是用天文方法测量的。最大的一座金字塔在北纬30°线南边2千米的地方，塔的北面正中有一入口，从那里走进地下宫殿的通道，和地平线恰成 30° 的倾角，正好对着当时的北极星。

从埃及出土的棺盖上所画的星图可以确定，他们认识的星还有天鹅、牧夫、仙后、猎户、天蝎、白羊和昴星等。古埃及人认星最大的特征是将赤道附近的星分为 36 组，每组可能是几颗星，也可能是一颗星。每组管 10 天，所以叫旬星。当一组星在黎明前恰好升到地平线上时，就标志着这一旬的到来。现已发现的最早的旬星文物属于第三王朝。

合三旬为一月，合四月为一季，合三季为一年，是埃及最早的历法。三个季度的名称是：洪水季、冬季和夏季。冬季播种，夏季收获。在古王国时代，一年中当天狼星清晨出现在东方地平线上的时候，尼罗河就开始泛滥。古埃及人根据对天狼星偕日升和尼罗河泛滥的周期进行了长期观测，把

埃及胡夫金字塔

一年由 360 日增加为 365 日。这就是现在阳历的来源。但是这与实际周期每年仍约有 0.25 日之差。如果一年年初第一天黎明前天狼星与太阳同时从东方升起，120 年后就要相差 1 个月，到第 1461 年又恢复原状，天狼星又与日偕出，埃及人把这个周期叫作天狗周，因为天狼星在埃及叫天狗。

据研究，埃及除这种民用的阳历外，还有一种为了宗教祭祀而杀羊告朔的阴阳历。在卡尔斯堡纸草书第九号中有这样一条记载：

$$25 \text{ 埃及年} = 309 \text{ 月} = 9125 \text{ 日}$$

从这条记载就可看出：1 年 = 365 日，1 朔望月 = 29.5307 日，25 年中有 9 个闰月。

古埃及人分昼夜各为 12 小时，从日出到日落为昼，从日落到日出为夜，因此 1 小时的长度是随着季节变迁而不同的。为了表示这种长度不等的时间，埃及人把漏壶的形状做成截头圆锥体，在不同季节用不同高度的流水量。

除圭表和日晷外，古埃及还有夜间用的一种特殊天文仪器，称作麦开特。它的结构很简单：把一块中间开缝的平板沿南北方向架在一根柱子上，从板缝中可知某星过子午线的时刻，又从星与平板所成的角度知道它的地平高度。现今发现的麦开特，系公元前一千多年的实物，为现存的埃及最古天文仪器。

美索不达米亚天文学

　　美索不达米亚在今伊拉克共和国境内的底格里斯河和幼发拉底河一带，是人类文明最早的发源地之一。从公元前3000年左右苏美尔城市国家形成到公元前64年为罗马所灭的三千年间，虽然占统治地位的民族多次更迭，但始终使用楔形文字。他们创造了丰富多彩的物质文明和精神文明，有些一直应用到今天。例如，分圆周为360°，分1小时为60′，1分为60″，以7天为1个星期，分黄道带为12个星座等。

　　古代两河流域的科学，以数学和天文学的成就最大。据说在公元前30世纪的后期就已经有了历法。当时的月名各地不同。现在发现的泥板上就有公元前1100年亚述人采用的古巴比伦历的12个月的月名。因为当时的年是从春分开始，所以古巴比伦历的一月相当于现在的三月到四月。一年12个月，大小月相间，大月30日，小月29日，一共354天。为

幼发拉底河

了把岁首固定在春分，需要用置闰的办法，补足 12 个月和回归年之间的差额。公元前 6 世纪以前，置闰无一定规律，而是由国王根据情况随时宣布。著名的立法家汉谟拉比曾宣布过一次闰六月。自大流士一世（前 522～前 486 年在位）后，才有固定的闰周，先是 8 年 3 闰，后是 27 年 10 闰，最后于公元前 383 年由天文学家西丹努斯定为 19 年 7 闰制。

　　巴比伦人以新月初见为一个月的开始。这个现象发生在日月合朔后一日或二日，决定于日月运行的速度和月亮在地平线上的高度。为了解决这个问题，塞琉古王朝的天文学家自公元前 311 年开始制定日、月运行表，现选取一段如下：

闰六月	29°18′40″2‴	23°6′44″22‴	天秤座
七 月	29°36′40″2‴	22°43′24″24‴	天蝎座
八 月	29°54′40″2‴	22°38′4″26‴	人马座
九 月	29°51′17″58‴	22°29′22″24‴	摩羯座
十 月	29°33′17″58‴	22°2′40″22‴	宝瓶座
十一月	29°15′17″58‴	21°17′58″20‴	双鱼座
十二月	28°57′17″58‴	20°15′16″18‴	白羊座
一 月	28°39′17″58‴	18°54′34″16‴	金牛座
二 月	28°21′17″58‴	17°15′52″14‴	双子座
三 月	28°18′1″22‴	15°33′53″36‴	巨蟹座
四 月	28°36′1″22‴	14°9′54″58‴	狮子座
五 月	28°54′1″22‴	13°3′56″20‴	室女座
六 月	29°12′1″22‴	12°15′57″42‴	天秤座

这个表只有数据，没有任何说明。它的奥秘在 19 世纪末和 20 世纪初终于被伊平和库格勒等人揭开。他们发现，第四栏是当月太阳在黄道十二宫的位置，第三栏是合朔时太阳在该宫的度数（每宫从 0° ~ 30°），第三栏相邻两行相减即得第二栏数据，它是当月太阳运行的度数。例如第二行 22° 43′24″24‴+30°，减去第一行 23° 6′44″22‴，得七月太阳运行 29° 36′40″2‴，而第二栏每组各相邻行的数据之差为一常数，即 ±18′。若以月份为横坐标，以太阳每月运行的度数为纵坐标绘图，便可得三条直线。前三点形成的直线斜率为 +18′，中间六点形成的直线斜率为 -18′，后四点形成的直线斜率为 +18′。前两条线的交点的纵坐标 $y_1=M=30°\ 1′59″$，后两条线的交点的纵坐标 $y_2=m=28°\ 10′39″40″$，而太阳的月平均行度：

$$\mu= \frac{M+m}{2}=29°6'19''20'''$$

若就连续若干年的数据画图，就可得到一条折线。在这条折线上两相邻峰之间的距离就是以朔望月表示的回归年长度，1 回归年＝ $12\frac{1}{3}$ 朔望月。

在这种日月运行表中，有的项目多到 18 栏之多。除上述 4 栏外，还有昼夜长度、月行速度变化、朔望月长度、连续合朔日期、黄道对地平的交角、月亮的纬度等。有日月运行表以后，计算月食就很容易了。事实上，远在萨尔贡二世时，已知月食必发生在望，而且只有当月亮靠近黄白交点时才行。但是关于新巴比伦王朝（前 626 ～前 539）时迦勒底人发现沙罗周期（223 朔望月 =19 食年）的说法，近来有人认为是不可靠的。

巴比伦人不但对太阳和月亮的运行周期测得很准确，朔望月的误差只有 0.4 秒，近点月的误差只有 3.6 秒，而且对五大行星的会合周期也测得很准确。

水星：　146 周 =46 年；　金星：5 周 =8 年；

火星：　15 周 =32 年；　木星：65 周 =71 年；

土星：　57 周 =59 年。

这些数据远比后来希腊人的准确，同近代的观测结果非常接近。

希腊古代天文学

　　希腊是欧洲的文明古国，它的文化对以后欧洲各国文化的发展有很大影响，因此欧洲人称古代希腊文化为"古典文化"。希腊的地理位置使它易于和古代的东方文明接触。希腊第一个著名自然哲学家泰勒斯据说曾在埃及获得了几何学知识，到美索不达米亚学到了天文学。相传他曾预报过一次日食，并认为大地是一个浮在水上的圆盘或圆筒，而水为万物之源。

　　从泰勒斯开始到托勒玫为止的近八百年间，希腊天文学得到了迅速的发展，著名天文学家很多。从地域来说，先后有四个活动中心，形成了四个学派，即小亚细亚的米利都，从泰勒斯开始形成的爱奥尼亚学派（前7世纪～前5世纪）；意大利南部的克罗托内，毕达哥拉斯创立的毕达哥拉斯学派（前6世纪～前4世纪）；希腊的雅典，从柏拉图开始，形成的柏拉图学派（前4世纪~前3世纪）；埃及的亚历山大，本城和若干地中海岛屿上的相互有联系的天文学家们形成的亚历山大学派（前3世纪~2世纪）。托勒玫就属于这个学派，也是整个希腊古代天文学的最后一位重要的代表。就内容来说，可以柏拉图为界，划分两个时期。在柏拉图以前，虽然也有一些重要的发现，如月光是日光的反照、日月食的成因、大地为球形和黄赤交角数值等，但还是以思辨性的宇宙论占主导地位。从柏拉图开始有了希腊天文学的特色：用几何系统来表示天体的运动。柏拉图学派创立了同心球宇宙体系，而亚历山大学派则发展出本轮、均轮或偏心圆体系。这些都属于以地球为宇宙中心的地心体系。与此同时，还有其他方面的重要发展，即从赫拉克利德到阿利斯塔克的日心体系。公元前2世纪依巴谷在观测仪器和观测方法方面都作了重大改进，他把三角学用于解决天文问题。公元2世纪托勒玫继承前人的成就，特别是依巴谷的成就，并加以发展，著《天文学大成》十三卷，成为古代希腊天文学的总结。古代希腊天文学的成就主要表现在以下五个方面。

希腊雅典卫城鸟瞰

地球的形状和大小

爱奥尼亚学派认为大地是个圆盘或圆筒；毕达哥拉斯学派则认为大地是个球形；亚里士多德在《论天》（明末中译本名《寰有诠》）里肯定了这一看法之后，地为球形的概念即成定论。埃拉托斯特尼用比较科学的方法得出了很精确的结果，他注意到夏至日太阳在塞恩城（今埃及阿斯旺）地方的天顶上，而在亚历山大城用仪器测得太阳的天顶距等于圆周的 1/50。他认为这个角度即是两地的纬度之差，因而地球的周长即是两地之间距离的 50 倍。这两地之间的距离当时认为是 5000 希腊里，所以地球的周长为 25 万希腊里。据研究，1 希腊里 =158.5 米，那么地球周长便是 39600 千米，对于那时来说，已经相当准确。100 多年以后，住在罗得岛上的波西东尼斯又利用老人星测过一次地球的周长，得出为 18 万希腊里，没有埃拉托斯特尼的准确，但为托勒玫所采用，而成为一段时期内公认的地球周长的数值。

地球照片（美国国家航空航天局）

日、月的远近和大小

毕达哥拉斯认为：月光是太阳光的反射；月亮的圆缺变化是由于月、地、日之间相互位置的变动，月面明暗交界处为圆弧形，表明月亮为球形，并推想其他天体也都是球形。亚里士多德接受了这一论断，并且进一步提出"运动着的物体必是球形"这一错误命题来作为论据。阿利斯塔克第一次试图用几何学的方法测定日、月、地之间的相对距离和它们的相对大小。他的论文《关于日月的距离和大小》一直流传到今天。在这篇论文中，他设想上、下弦时，日、月和地球之间应当形成一个直角三角形，月亮在直角顶上。通过测量日、月对地球所形成的夹角，就可以求出太阳和月亮的相对距离，他量出这个夹角是87°，并由此算出太阳比月亮远18～20倍。

依巴谷继续做阿利斯塔克测量日、月大小和距离的工作，他通过观测月亮在两个不同纬度地方的地平高度，得出月亮的距离约为地球直径的 $30\frac{1}{6}$ 倍，这个数字比实际稍小一点。

日心地动说

毕达哥拉斯学派的菲洛劳斯认为日、月和行星除绕地球由西向东转动外，每天还要以相反的方向转动一周，这是不和谐的。为了解决这种不和谐的问题，他提出地球每天沿着由西向东的轨道绕"中央火"转动一周。和月亮总是以同一面朝着地球一样，地球也是以同一面朝着"中央火"，而希腊人是住在背着"中央火"的一面。地球和"中央火"之间还有一个"反地球"，它以和

天文卫星 SOHO 拍摄的太阳紫外照片

地球一样的角速度绕"中央火"运行，因此，地球上的人是永远看不见"中央火"的。

按照菲洛劳斯的说法，"中央火"是宇宙的中心。处在它外面的地球，每天绕火转一周，月球每月一周，太阳每年一周，行星的周期更长，而恒星则是静止的。这样的见解要求地球每天运行一段行程后，恒星之间的视位置应该有所改变，除非恒星跟地球的距离是无限远。毕达哥拉斯学派认为天体与"中央火"的距离应服从音阶之间音程的比例，也就是说恒星与地球的距离是有限的。可是，从来没有人观测到在一天之内恒星之间的视位置有什么变化。为了消除这一矛盾，毕达哥拉斯学派另外两位学者希色达和埃克方杜斯提出地球自转的理论，认为地球处在宇宙的中心，每天自转一周。其后，柏拉图学派的赫拉克利德继承了希色达和埃克方杜斯的观点，以地球的绕轴自转来解释天体的视运动，同时又注意

到水星和金星从来没有离开过太阳很远，进而提出这两个行星是绕太阳运动，然后又和太阳一起绕地球运动。

和赫拉克利德同时的亚里士多德反对这种观点，他以没有发现恒星视差，来反对地球绕"中央火"转动的学说。他以垂直向上抛去的物体仍落回原来位置，而不是偏西的事实来反对地球自转的学说。亚里士多德的这两个论据，直到伽利略的力学兴起和贝塞尔发现了恒星的视差以后，才被驳倒。虽然亚里士多德的观点在很长时期内占了统治地位，但是公元前3世纪的阿利斯塔克还是认为，地球在绕轴自转的同时，每年又沿圆周轨道绕太阳一周，太阳和恒星都不动，行星则以太阳为中心沿圆周运动。为了解释恒星没有视差位移，他正确地指出，这是由于恒星的距离远比地球轨道直径大得多的缘故。

同心球理论

阿利斯塔克的见解虽富于革命性，但走在时代的前面太远了，无法得到一般人的承认。当时盛行的却是另一种见解，即以地球为中心的地心说，它一直延续到16至17世纪。在地心说的形成和发展过程中，许多希腊学者起了不小的作用。毕达哥拉斯学派认为，一切立体图形中最美好的是球形，一切平面图形中最美好的是圆形，而宇宙是一种和谐的代表物，所以一切天体的形状都应该是球形，一切天体的运动都应该是匀速圆周运动。但是事实上，行星的运动速度很不均匀，有时快，有时慢，有时停留不动，有时还有逆行。可是柏拉图认为，这只是一种表面现象，这种表面现象可以用匀速圆周运动的组合来解释。在《蒂迈欧》中，他提出了以地球为中心的同心球壳结构模型。各天体所处的球壳，离地球的距离由近到远，依次是：月亮、太阳、水星、金星、火星、木星、土星、恒星，各同心球之间由正多面体连接着。欧多克斯发展了他的观点。欧多克斯认为：所有恒星共处在一个球面上，此球半径最大，它围绕着通过地心的轴线每日旋转一周；其他天体则由许多同心球结合而成，日、月各三个，行星各四个，每个球用想象的轴线和邻近的球体联系起来，这些轴线可以选取不同的方向，各个球绕轴旋转的速度也可以任意选择。这样，把 27 个球（恒星 1，日、月 2×3，行星 4×5）经过组合以后，就可以解释当时所观测到的天象。后来，观测资料积累得越来越多，新的现象又不断发现，就不得不对这个体系进行补充。欧多克斯的学生卡利普斯，又给每个天体加上了一个球层，使球的总数增加到34个。

欧多克斯和卡利普斯的同心球并非物质实体，只是理论上的一种辅助工具，而且日月五星每一组的同心球与另一组无关。可是到了亚里士多德手里，这些同心球成了实际存在的壳层，而且各组形成一个连续的相互接触的系统。这样，为了使一个天体所特有的运动不致直接传给处在它下面的天体，就不得不在载有行星的每一组球层之间插进22个"不转动的球层"。这些不转动的球层，和处在它之上的那个行星运动的球层具有同样的数目、同样的旋转轴、同样的速度，但是以相反的方向运动，这样就抵消了上面那个行星所特有的一切运动，只把周日运动传给下面行星。

亚里士多德体系不同于前人的地方如下。他的天体次序是：月亮、水星、金星、太阳、火星、木星、土星和恒星天，在恒星天之外还有一层"宗动天"。

亚里士多德认为，一个物体需要另一个物体来推动，才能运动。于是他在恒星天之外，加了一个原动力天层——"宗动天"。

本轮均轮说

同心球理论除了过于复杂以外，还和一些观测事实相矛盾。第一，它要求天体同地球永远保持固定的距离，而金星和火星的亮度却时常变化。这意味着它们同地球的距离并不固定。第二，日食有时是全食，有时是环食，这也说明太阳、月亮同地球的距离也在变化。

阿利斯塔克的日心地动说可以克服同心球理论的困难，但他无法回答上面提到的亚里士多德对地球公转和自转的责难。当时希腊人认为天地迥然有别，也阻碍人们接受地球是一个行星的看法。因此，要克服同心球理论所遇到的困难，还得沿着圆运动的思路前进。阿波罗尼奥斯设想出另一套几何模型，可以解释天体同地球之间距离的变化。那就是：如果行星作匀速圆周运动，而这个圆周（本轮）的中心又在另一个圆周（均轮）上作匀速运动，那么行星和地球的距离就会有变化。通过对本轮、均轮半径和运动速度的适当选择，天体的运动就可以从数量上得到说明。

依巴谷继承了阿波罗尼奥斯的本轮、均轮思想，并且又进一步有所发现：太阳的不均匀性运动还可以用偏心圆来解释，即太阳绕着地球作匀速圆周运动，但地球不在这个圆周的中心，而是稍偏一点。这样，从地球上看来，太阳就不是匀速运动，而且距离也有变化，近的时候走得快，远的时候走得慢。

到托勒玫时，本轮均轮说在他的《天文学大成》中作了概括。这种学说统治了天文学界 1400 多年，直到哥白尼学说出现以后，才逐渐被抛弃。

印度古代天文学

印度是世界文明古国之一，印度的天文学起源很早。由于农业生产的需要，印度早就创立了自己的阴阳历。

印度的天文历法在早期就有零星的记载，例如，在相关文献中有十三月的记载。《鹧鸪氏梵书》将一年分为春、热、雨、秋、寒、冬六季；还有一种分法是将一年分为冬、夏、雨三季。《爱达罗氏梵书》记载，一年为 360 日、12 个月，一个月为 30 日。但实际上，月亮运行一周不足 30 日，所以有的月份实际不足 30 日，印度人称为消失一个日期。大约一年要消失五个日期，但习惯上仍称

月球

一年 360 日。印度古代还有其他多种历日制度，彼此很不一致。在印度历法中有望终月和朔终月的区别。望终月是从月圆到下一次月圆为一个月；朔终月以日月合朔到下一个合朔为一个月。两种历法并存，前者更为流行。印度月份的名称以月圆时所在的星宿来命名。对于年的长度则用观察恒星的偕日出来决定。进而，发明用谐调周期来调整年、月、日的关系。一个周期为五年，1830 日，62 个朔望月。一个周期内置两个闰月。一朔望月为 29.516 日，一年为 366 日。公元 1 世纪以前大约一直使用这种粗疏的历法。

为了研究太阳、月亮的运动，印度有二十七宿的划分方法。它是将黄道分成二十七等分，称为"纳沙特拉"，意为"月站"。二十七宿的全部名称最早出现在《鹧鸪氏梵书》。当时以昴宿为第一宿。在史诗《摩诃婆罗多》里则以牛郎星为第一宿，后来又改以白羊座 β 星为第一宿，这个体系一直

天鹰座

沿用到晚近。印度二十七宿的划分方法是等分的，但各宿的起点并不正好有较亮的星，于是他们就选择该宿范围内最高的一颗星作为联络星，每个宿都以联络星星名命名。印度也有二十八宿的划分方法，增加的一宿位于人马座 α 和天鹰座 α 之间，名为"阿皮季德"（梵文意为"麦粒"）宿。

印度上古文献全无年代的记载，要确切地断代是困难的。因此人们往往借助于天象资料研究历史年代。《摩诃婆罗多》里以牛郎星为第一宿，牛郎星应处于当时冬至点的位置，可定为公元前 450 年。至于沿用至今的以白羊座 β 为第一宿，则白羊座 β 应处于当时春分点的位置，可定为起自公元 1 世纪。

《摩诃婆罗多》

在一个相当长的时期内，佛教在印度传播很广，佛经中表述的传统宇宙观念，与中国古代的盖天说较为接近。

在之后的一个相当长的时期内，印度天文学基本上没有得到发展。在笈多王朝时期（约320～540），佛教衰落而印度教兴起。希腊天文学传入印度，天文学在印度开始蓬勃发展，出现了印度著名的天文学家阿耶波多（第一）。他的主要天文著作是《阿耶波提亚》。他的书中也有类似中国古代计算上元积年的方法。他计算了日月五星及黄、白道的升交点和降交点的运动，讨论了日月五星的最迟点及其迟速运动，有推算日月食的方法。在阿耶波多（第一）以后，出现了天文学家伐罗诃密希罗（或译矗日），他的主要著作《五大历数全书汇编》，几乎汇集了当时印度天文学的全部精华，全面介绍了在他以前的各种历法。编入书中的五种历法以《苏利亚历数书》最为著名。在该书中，引进了一些新的概念，如太阳、月球的地平视差、远日点的移动、本轮等，并且介绍了太阳、月球和地球的直径推算方法。该书成为印度历法的范本，一直沿用至近代。不过伐罗诃密希罗时代的《苏利亚历数书》的数据尚不精密，后世曾不断进行修改补充，现存的《苏利亚历数书》中的数据，大约是公元12世纪修订的。此外，从这些历数书中得知，当时的印度历法大都是使用恒星年而不是回归年，这个特点一直保持到近代。

中国唐朝曾译有天竺的《九执历》。它是当时（7世纪前后）较为流行的印度历法。日月五星加罗睺和计都，合称九曜，九执的名称来源于此。罗睺和计都是印度天文学家假想的两个看不见的天体，实指黄、白道相交的升交点和降交点。《九执历》有推算日月运行和交食预报等方法，历元起自春分朔日夜半。《九执历》将周天分为360度，1度分为60分，又将一昼夜分为60刻，每刻60分。它用十九年七闰法。恒星年为365.2762日。朔望月为29.530583日。《九执历》用本轮均轮系统推算日月的不均匀运动，计算时使用三角函数的方法。《九执历》的远日点定在夏至点前10度。

公元12世纪，印度出现了天文学家帕斯卡尔，他的重要天文著作《历数精粹》对古代印度天文学的影响很深。他提出了自己的宇宙理论，认为地球居于宇宙之中，靠自力固定于空中；认为地球上有七重气，分别推动月球、太阳和星体运动。他还提出天体视直径的变化是由于它们到地球的距离

印度德里的古天文台

变化造成的，并且认识到地球具有引力。

印度天文学在历法计算上自具特色，但不重视对天体的实际观测，因而忽视天文仪器的使用和制造。在一个很长的时期内仅有平板日晷和圭表等简单仪器。直到 18 世纪才由贾伊·辛格二世在德里等地建立了天文台，置有十几件巨型灰石或金属结构的天文仪器。

玛雅天文学

玛雅人是美洲印第安人的一支，在公元前 1000 年左右开始创立文化，公元 3 ～ 9 世纪是玛雅文化的古典时期。现在所知道的玛雅文化大都属于这个时期。

玛雅人有自己的天文观测台，它是一组建筑群。从一座金字塔上的观测点往东方的庙宇望去，就是春分、秋分日出的方向；往东北方的庙宇望去，就是夏至日出的方向；往东南方庙宇望去，就是冬至日出的方向。像这样的建筑群发现了好几处。

玛雅人对行星运动，尤其是金星运动，有周密的研究，定金星会合周期为 584 天，分为 4 段：晨见 236 天，伏 90 天，夕见 250 天，伏 8 天；并且知道五个金星会合周年的和等于八年的时间。从玛雅人残留至今的文献中发现 177 天、354 天、502 天、679 天、856 天、1033 天这一串数字。有人认为，这是指 35 个朔望月的交食周期。有的研究人员认为玛雅人采用黄道十三宫，

玛雅文明帕伦克宫殿遗址

并且已经查明其中几个宫名为响尾蛇、海龟、蝎子、蝙蝠等。

玛雅历法有阴阳历和阳历两种。玛雅人曾将太阳历刻在石碑上，成为重要天文文物。

欧洲中世纪天文学

从公元 476 年西罗马帝国灭亡，到 15 世纪中叶文艺复兴开始，这一千年的欧洲，习惯上称为"中世纪"。中世纪欧洲的特点是政教合一，基督教神学占据统治地位，尤其是 5 世纪至 10 世纪更是欧洲历史上的黑暗时期。当时西欧人连希腊科学家的学说都不清楚了，大地是球形的说法也被列为异端，而圣经神话却重新成了宇宙体系的依据。在这一时期里天文学之所以仍然被列为高等教育的必修课，主要是为了教人学会计算复活节的日期。

阿拉伯科学从公元 10 世纪开始由西班牙向英、法、德等国传播。但阿拉伯科学著作被大量译成拉丁文，还是在基督教徒攻克西班牙的托莱多（1085）和意大利南部的西西里岛（1091）以后的事情。翻译工作最活跃的时期是 1125 ～ 1280 年，最著名的译者是克雷莫纳的

西西里岛海港

杰拉尔德。他一生译书 80 多种，其中包括托勒玫的《天文学大成》和查尔卡利的《托莱多天文表》。

　　古希腊和阿拉伯的科学著作译成拉丁文以后，经院哲学家阿奎那斯立刻把亚里士多德、托勒玫等人的学说和神学结合起来。阿奎那斯提出"上帝"存在的第一条理由就是天球的运动需要一个原动者，即"上帝"。但是，到了这个时候，由于科学知识的积累，经院哲学家的一些论说，已经不能无条件地被人接受了。与阿奎那斯同时期的英国革新派教徒培根具有鲜明的唯物主义倾向，主张"靠实验来弄懂自然科学、医药、炼金术和天上地下的一切事物"，反对经院式、教义式的盲目信仰，对宇宙理论和科学的发展起了推动作用。

　　与培根同时，法国人霍利伍德著有《天球论》，阐述球面天文学，简明扼要，通俗易懂，再版多次，有多种译本，一直流行到 17 世纪末。

　　14 世纪中叶，维也纳设立大学，逐渐成为天文数学中心，普尔巴哈于 1450 年出任该校天文数学教授后，学术氛围

更为浓厚。普尔巴哈在托勒玫《天文学大成》的基础上，编成《天文学手册》一书，作为霍利伍德《天球论》的补充；同时又著有《行星理论》，详细指出亚里士多德和托勒玫两人关于行星的理论是不同的。

普尔巴哈的学生和合作者米勒，曾经随普尔巴哈去意大利，从希腊文原著学习托勒玫的天文学。他们两人都发现，《阿尔方斯天文表》历时已两百年，误差颇大，需要修订。后来雷乔蒙塔努斯到纽伦堡定居，在天文爱好者、富商瓦尔特的资助下，建立了一座天文台，并附设有修配厂和印刷所，1475～1505年间每年编印航海历书，为哥伦布1492年发现新大陆提供了条件。

在普尔巴哈和雷乔蒙塔努斯十分活跃的时候，意大利也出现了两位有名的天文学家：托斯卡内里和库萨的尼古拉。他们都曾求学于帕多瓦大学，彼此是亲密的同学和朋友。前者学医，曾鼓励哥伦布航海，后来成为优秀的天文观测者，系统地观测过六颗彗星（1433，1449～1450，1456，1457Ⅰ，1457Ⅱ，1472），并把佛罗伦萨的高大教堂当作圭表，精确地测定二至点和岁差。后者在任意大利北部的布里克森城（今名布雷萨诺内）主教期间，曾提出过地球运动和宇宙无限的设想。他说，整个宇宙是由同样的四大元素组成的；天体上也有和地球上相似的生物居住着；一个人不论在地球上，或者在太阳上，或者在别的星体上，从他的眼中看去，他所占的地位总是不动的，而其他一切东西则在运动。

15 世纪，从普尔巴哈到尼古拉的工作，无论是实践上还是理论上都为近代天文学的诞生创造了条件，哥白尼的《天体运行论》就是在这些人劳动的基础上完成的。

阿拉伯天文学

一般所说的阿拉伯天文学是指公元 7 世纪伊斯兰教兴起后直到 15 世纪左右各伊斯兰文化地区的天文学。在这段时期里阿拉伯天文学大体形成了三个学派，即巴格达学派、开罗学派和西阿拉伯学派。

巴格达学派

阿拔斯王朝（750～1258）于 762 年在巴格达建都以后，除了直接接受巴比伦和波斯的天文学遗产以外，又积极延揽人才，翻译印度婆罗门笈多著的《增订婆罗门历数全书》和希腊托勒玫著的《天文学大成》等许多书籍，作为进一步发展的基础。829 年巴格达建立天文台，在这里工作过的著名天文学家有法干尼等人。法干尼著有《天文学基础》一书，对托勒玫学说作了简明扼要的介绍。塔比·伊本·库拉发现岁差常数比托勒玫提出的每百年移动 1 度要大；而黄赤交角从托勒玫时的 23°51′减小到 23°35′。把这两个现象结合起来，他提出了颤动理论，认为黄道和赤道的交点除了沿黄道西移以外，还以 4 度为半径，以四千年为周期，作一小圆运动。为了解释这个运动，他又在托勒玫的八重天（日、月、五星和恒星）之上加上了第九重。

塔比·伊本·库拉的颤动理论，曾为后来许多的天文学家所采用，但是他的继承者巴塔尼倒是没有采用。现在知道这种理论是错误的。巴塔尼是阿拉伯天文学史上伟大的天文学家，伊斯兰天文学中的重要贡献大多是属于他的。他最著名的发现是太阳远地点的进动，他的全集《论星的科学》在欧洲影响很大。

阿拉伯文化

　　比巴塔尼稍晚的苏菲所著《恒星图象》一书，被认为是伊斯兰观测天文学的三大杰作之一。书中绘有精美的星图、星等是根据他本人的观测画出的，因而它是关于恒星亮度的早期宝贵资料，现在世界通用的许多星名都是从这里来的。

　　巴格达学派的有一位著名人物阿布·瓦法，他曾对黄赤交角和分至点进行过测定，为托勒玫的《天文学大成》写过简编本。有人认为他是月球二均差的发现者，但又有人认为，这项发现还是应该归功于第谷。

　　1258 年蒙古大军灭掉阿拔斯王朝，建立伊尔汗国。1272年，伊尔汗国建立马拉盖天文台（在今伊朗西北部大不里士城南），并任命担任首相职务的天文学家纳西尔丁·图西主持天文台工作。这个天文台拥有来自中国和西班牙的学者，他们通力合作，用了 12 年时间完成了一部《伊尔汗历数书》（西方称《伊尔汗天文表》）。阿拉伯人大概称之为 Zij-i ī lkh ā n ī 。"Zij"与印度的悉檀多（历数书）相当，中国元代音译为"积尺"。西方则称为"表"或"天文表"。商企翁、王士点撰的《秘书监志》中有"积尺诸家历"，指的就是各种阿拉伯历数书或天文表。《伊尔汗历数书》中测定岁差常数为每年51″，相当准确。一百多年后，帖木儿的孙子乌鲁伯格又在撒马尔罕建立一座天文台。乌鲁伯格所用的象限仪，半径长达40 米。他对一千多颗恒星进行了长时间的位置观测，据此编成的《新古拉干历数书》（今通称《乌鲁伯格天文表》）是托勒玫以后第一种独立的星表，达到 16 世纪以前的最高水平。

开罗学派

公元 10 世纪初，突尼斯一带建立了法蒂玛王朝（909 ~ 1171）。这个王朝于 10 世纪末迁都开罗以后，成为西亚、北非一大强国，在开罗形成了一个天文中心。这个中心最有名的天文学家是伊本·尤努斯，他编撰了《哈基姆历数书》（西方称《哈基姆天文表》），其中不但有数据，而且有计算的理论和方法。书中用正交投影的方法解决了许多球面三角学的问题。他汇编了 829 ~ 1004 年间阿拉伯天文学家和他本人的许多观测记录。977 年和 978 年他在开罗所作的日食观测和 979 年所作的月食观测，为近代天文学研究月球的长期加速度提供了宝贵资料。

与伊本·尤努斯同时在开罗活动的还有一位光学家海桑，他研究过球面像差、透镜的放大率和大气折射。他的著作通过培根和开普勒的介绍，对欧洲科学的发展有很大的影响。

西阿拉伯学派

西班牙哈里发王朝（又称后倭马亚王朝）最早的天文学家是科尔多瓦的查尔卡利。他的最大贡献是于 1080 年编制了《托莱多天文表》。这个天文表的特点是其中有仪器的结构和用法的说明，尤其是关于阿拉伯人特有的仪器——星盘的说明。在《托莱多天文表》中，还有一项重要内容，就是对托勒玫体系作了修正，以一个椭圆形的均轮代替水星的本轮，从此兴起了反托勒玫的思潮。这种思潮由阿芬巴塞发端，阿布巴克尔和比特鲁吉为其继承者。他们反对托勒玫的本轮假说，理由是行星必须环绕一个真正物质的中心体，而不是环绕一个几何点运行。因此，他们就以亚里士多德所采用的欧多克斯的同心球体系作为基础，提出一个旋涡运动理论，认为行星的轨道呈螺旋形。其后，信奉基督教的西班牙国王阿尔方斯十世，于1252年召集许多阿拉伯和犹太天文学家，编成《阿尔方斯天文表》。近年有人认为这个表基本上是《托莱多天文表》的新版。

正当西班牙的天文学家抨击托勒玫学说的时候，中亚一带的天文学家比鲁尼提出地球绕太阳旋转的学说。他在写给著名医学家、天文爱好者阿维森纳的信中，甚至说到行星的轨道可能是椭圆形而不是圆形。马拉盖天文台的纳尔西丁·图西在他的《天文学的回忆》中也严厉地批评了托勒玫体系，并提出了自己的新设想：用一个球在另一个球内的滚动来解释行星的视运动。14世纪大马士革的天文学家伊本·沙提尔在对月球运动进行计算时，更是抛弃了偏心均轮，引进了二级本轮。两个世纪以后，哥白尼在对月球运动进行计算时，所用方法和他的是一样的。阿拉伯天文学家们处在托勒玫和哥白尼之间，起了承前启后的作用。

第二章

放彩历程——近现代天文学

16 ～ 17 世纪天文学

从 16 世纪哥白尼的革命开始，天文学的发展进入了全新的阶段。自那时以来，大致可以划分成三个时期。天文学在摆脱宗教束缚的同时，逐步形成一门近代科学。它从主要单纯描述天体位置和运动的古典方位天文学、天体测量学，向着寻求这种机械运动的内在规律及其力学原因的天体力学发展。代表人物如哥白尼、第谷。

18 ～ 19 世纪天文学

　　18 ～ 19 这两个世纪是近代天文学的发展时期。由于技术的发展，天文望远镜及其终端设备、附属配件的性能越来越好，这就使天体测量的精确度日益提高，从而导致了一系列重大发现，如恒星自行、光行差等。而天体测量学的进步，又推动了天体力学，使它在近代数学的基础上得到极大的发展。技术的进步使人们所认识的宇宙范围越来越广阔。19 世纪中叶，天体物理学诞生。从此，人们得以逐步深入地认识天体的物理本质。代表人物如霍罗克斯、赫维留等。

天体测量学的成就

　　1725 ～ 1728 年间，布拉得雷在测定天龙座 γ 的视差时发现周年光行差现象。1727 ～ 1732 年他又发现章动现象；经过二十多年的观测，终于在 1748 年确认章动的存在，并定出光行差常数。

　　1716 年哈雷提出了观测金星凌日的方法来定太阳视差。经过一个多世纪的实践，效果仍不理想。小行星发现后，德国伽勒提出改用观测小行星来定太阳视差。这个方法一直使用到现在。1895 年所得结果同今测值已十分接近。

　　经纬度和钟差的测定是这个时期中天体测量学的基本任务之一。完成这项任务的几个重要环节是：1756 年德国迈耶尔导出中星仪测时基本公式；19 世纪初高斯提出同时测定纬度和钟差的多星等高法；1857 年美国太尔各特改进了 18 世纪丹麦赫瑞堡的发明，提出测定纬度的太尔各特法。这些成果至今仍有实际意义。

　　纬度测定精度的提高，使德国屈斯特纳得以在 1888 年发觉观测站所在纬度的微小变化，由此证实了 1765 年欧拉预言过的极移现象的存在。1891 年美国张德勒分析出极移的周期性。为了进一步提高测时测纬精度，1899 年成立了国际纬度服务机构，由这个机构提供地极坐标。

　　在这两个世纪中，天文学家编制了许多星表，其规模越来越大，精度越来越高，等等。

天体力学的发展

　　由于航海的需要，这一时期的天体力学首先致力于研究受到其他天体摄动的大行星和月球的运动，以求获得一份精

确的历表。使用的方法，主要是分析的方法，也称为摄动理论。1748 年和 1752 年，欧拉在研究木星和土星的相互摄动中首创变分法，分析方法的研究主要由此开始。后来拉格朗日发展了欧拉的方法，导出描述轨道要素变化的拉格朗日方程。1799 ～ 1825 年拉普拉斯出版《天体力学》，全面总结了 18 世纪的工作，提出比较完整的大行星运动理论和月球运动理论。经过泊松、勒威耶、汉森等人的努力，到 19 世纪下半叶，纽康建立了除木星和土星以外所有 6 个行星的运动理论；希尔建立了木星和土星的运动理论；等等。

在摄动理论的研究中，摄动函数的展开问题是个重要问题。在这方面有贡献的是纽康，他创立纽康算符，简化了运算的过程。

由于彗星和小行星常常有较大的倾角和偏心率，在研究它们受到的摄动时必须采用与大行星理论不同的方法。1843 年，汉森创立绝对摄动法，以偏近点角为引数，使展开的级数迅速收敛。1874 年，希尔提出以中间轨道为基础的球坐标摄动法。1896 年，波林用汉森理论研究赫斯提亚群小行星，建立了群摄动的分析方法。

纯粹理论研究方面的重要贡献有：1772 年拉格朗日证明三体问题中有拉格朗日特解。19 世纪末庞加莱等人建立了三体问题的积分理论。此外，在太阳系的研究和恒星天文学的研究方面也取得了很多成就。

20 世纪天文学

　　天文学在 20 世纪的发展是空前的。19 世纪中叶诞生的天体物理学，一跃而成为天文学的主流。20 世纪 40 年代后期打开了射电天窗，兴起了一门利用波长从毫米到米的电磁辐射研究天体的新学科。60 年代，航天时代的到来，使天文学冲破了地球大气的禁锢，到大气外去探测宇宙的远紫外、X 射线和 γ 射线辐射。天文学开始成为全波段的宇宙科学，使我们得以考察大到 150 亿光年空间深度的天象，并追溯早于 150 亿年前的宇宙事件。20 世纪天文学进入了黄金时代，为阐明地球、太阳和太阳系的来龙去脉、星系的起源和演化、宇宙的过去和未来、地外生命和地外文明等重大课题做出了贡献。

经典天文学的进展——天体力学的新成就

在 20 世纪上半叶已经成熟的经典分析方法仍在继续发展。较重要的成果有布朗的月球运动理论和 1919 年罗斯改进的火星运动理论。除分析方法外，20 世纪初还出现了一条新的发展途径，这就是庞加莱提出的天体力学定性理论，其中包括变换理论、特征指数理论、周期解理论和稳定性理论，对以后的天体力学发展有较大的影响。19 世纪纽康证实水星近日点进动问题中有超差。这个问题用经典力学再也无法解释。直到 1915 年广义相对论问世后才得到解释。

20 世纪 50 年代以后出现了两个新的因素。一是人造卫星和空间探测器的发射，向天体力学提出了新课题，由此并发展成一个新的学科分支——天文动力学，专门研究这些飞行器的运动问题。二是快速电子计算机的出现，使计算的速度和精度有极大的提高，从而使需要繁重计算工作的天体力学数值方法得到迅速发展。从

空间太阳探测器

1968 年开始，电子计算机已用于分析方法中的公式推导，因而使摄动理论也得到很大的发展。此外，60 年代建立的卡姆（KAM）理论，是对定性理论的重大发展。70 年代，三体问题的拓扑学研究成为一个活跃的领域。

此外，在天体物理学、光学波段以外天体辐射的探测方面也取得了各种进展。

第三章

银浦流云——中国古代宇宙学说

盖天说

中国古代的一种宇宙学说。盖天说认为，天是一个穹形，地也是一个穹形，就如同心球穹，两个穹形的间距是八万里。北极是"盖笠"状的天穹的中央，日月星辰绕之旋转不息。盖天说认为，日月星辰的出没，并非真的出没，而只是离远了就看不见，离得近了，就看见它们照耀。

盖天说宇宙结构理论力图说明太阳运行的轨道，持此论者设计了一个七衡六间图，图中有 7 个同心圆。每年冬至，太阳沿最外一个圆，即"外衡"运行，因此太阳出于东南没于西南，日中时地平高度最低；每年夏至，太阳沿最内一圆，即"内衡"运行，因此太阳出于东北没于西北，日中时地平高度最高；春、秋分时太阳沿当中一个圆，即"中衡"运行，因此太阳出于正东没于正西，日中时地平高度适中。各个不同节令太阳都沿不同的"衡"运动。这个七衡六间图是力图定量地表述盖天说的宇宙体系，载于汉赵爽注《周髀算经》。因此，盖天说又称周髀说。唐李淳风撰写的《晋书·天文志》亦载，"周髀家云：'天员（圆）如张盖，地方如棋局'"。这与《周髀算经》里所载的盖天说不同，实际上是较古的天圆地方说。此外，南北朝时祖暅著《天文录》中载，"盖天之说，又有三体：一云天如车盖，游乎八极之中；一云天形如笠，中央高而四边下；一云天如欹车盖，南高北下"。

由此可见，盖天说宇宙结构理论也有不同的学派，可能是不同时代里向不同方向的发展。大体上可以说，盖天说形成于周初，而到了《周髀算经》的写作年代，即公元前1世纪，已经形成一个完整的、定量化的体系。它反映了人们认识宇宙结构的一个阶段，在描述天体的视运动方面也有一定的历史意义。

《周髀算经》

浑天说

　　中国古代的一种宇宙学说。浑天说的代表作是《张衡浑仪注》。从中可了解，浑天说比盖天说进了一步，它认为天不是一个半球形，而是一整个圆球，地球在其中，就如鸡蛋黄在鸡蛋内部一样。不过，浑天说并不认为"天球"就是宇宙的界限，它认为"天球"之外还有别的世界，即张衡所谓："过此而往者，未之或知也。未之或知者，宇宙之谓也。宇之表无极，宙之端无穷。"（《灵宪》）

　　浑天说最初认为：地球不是孤零零地悬在空中的，而是浮在水上；后来又有发展，认为地球浮在气中，因此有可能回旋浮动，这就是"地有四游"的朴素地动说的先河。浑天说认为全天恒星都布于一个"天球"上，而日月五星则依附于"天球"上运行，这与现代天文学的天球概念十分接近。因而浑天说采用球面坐标系，如赤道坐标系，来量度天体的位置，计量天体的运动。在古代，如恒星的昏旦中天、日月五星的顺逆去留，都采用浑天说体系来描述，所以浑天说不只是一种宇宙学说，更是一种观测和测量天体视运动的计算体系，类似现代的球面天文学。

宣夜说

　　中国古代的一种宇宙学说。宣夜说认为，所谓"天"，并没有一个固体的"天穹"，而只不过是无边无涯的气体，日月星辰就在气体中飘浮游动。因此，宣夜说是中国古代一种朴素的无限宇宙观念。

　　宣夜说的历史渊源，可以上溯至战国时代的《庄子》。《庄子·逍遥游》中就用提问的方式表述了自己对宇宙无限的猜测。也是战国时代，道家中的宋钘和尹文一派就提出了朴素元气学说，把宇宙万事万物的本原归结为"气"。这"气"，可以上为日、月、星辰，下为山、川、草、木。同时，名家的惠施，又提出了"至大无外，谓之大一；至小无内，谓之小一"的朴素的无限大和无限小的思想。这就为宣夜说的宇宙无限观念奠定了基础。

宣夜说进一步发展，认为日月星辰也是由气组成的，只不过是发光的气。三国时代宣夜说学者杨泉又进一步说："夫天，元气也，皓然而已，无他物焉。"他认为银河也是气，并从中生出恒星来。在思辨性的自然哲学中，这种猜测是十分精辟独到的。作为一个宇宙结构体系，宣夜说没有提出自己独立的对于天体坐标及其运动的量度方法。它的数据借自浑天说。这是宣夜说在一千多年内不能得到广泛发展的重要原因。

第四章

古典星象——中国古代天文学名词

斗建

斗建的意义是《史记·历书》集解所说的"随斗杓所指建十二月"。公元前 4000～前 1000 年间，北斗七星比现在更接近北天极，处于恒显圈内，每天晚上都可见到。

日落

在中国古代，发现不同季节的黄昏时，北斗斗柄的指向是不同的。因此，把斗柄的指向作为定季节的标准。《鹖冠子》说："斗柄东指，天下皆春；斗柄南指，天下皆夏；斗柄西指，天下皆秋；斗柄北指，天下皆冬。"这就是指当时不同季节里黄昏时看到的天象。春秋战国时期，天文学有了进一步的发展，为使斗柄指示的方向与月份更密切配合，人们将地面分成十二个方位，分别以十二地支表示：正北为子，东北为丑、寅，正东为卯，等等。夏正十一月黄昏时斗柄指北方子，十二月、正月指东北方丑、寅，二月指东方卯……十月指西北方亥，下一个十一月又回到北方子。这就是古代天文历法中经常提到的"十一月建子、十二月建丑、正月建寅"等十二月建。

三正

三正指三种不同岁首的历法。"正"是指正月。三正是夏正、殷正、周正。《左传》说："火出，于夏为三月，于商为四月，于周为五月。"大火星黄昏中天时，夏历为三月，商历为四月，周历为五月。这表示三种历法的正月是在不同的时节。《史记·历书》说："夏正以正月，殷正以十二月，周正以十一月。"这是以夏历为标准的。这两种说法实质是一致的。《左传》《史记》都认为夏朝用夏正、商朝用殷正、周朝用周正。

古人也大都沿用此说。《史记·历书》更认为："盖三王之正若循环，穷则反本"，意思说，三种历法是轮流交替行用的。这种说法是汉代的一种历史循环论"三统说"的一个组成部分。到近代，中国的王韬、朱文鑫，日本的新城新藏等人根据对《春秋》历法的研究，认为三正交替之说，只是春秋战国时宣传改变历法的托词，未必真有其事。科学史专家钱宝琮更认为，所谓夏、殷、周三种历法，实际是春秋时代夏、殷、周三个民族地区的历法，而不是三个王朝的历法。

《春秋》（唐代手抄）

朔望

　　朔是指月球与太阳的地心黄经相同的时刻。这时月球处于太阳与地球之间，几乎和太阳同起同落，朝向地球的一面因为照不到太阳光，所以从地球上是看不见的。望是指月球与太阳的地心黄经相差 180° 的时刻。这时地球处于太阳与月球之间。月球朝向地球的一面照满太阳光，所以从地球上看来，月球呈光亮的圆形，叫作满月或望月。从朔到下一次朔或者从望到下一次望的时间间隔，称为一朔望月，约为 29.53059 日。这只是一个平均数，因为月球绕地球和地球绕太阳的轨道运动都是不均匀的，二者之间也没有简单的关系。因此，每两次朔之间的时间是不相等的，最长与最短之间约差 13 小时。在中国古代历法中，把包含朔时刻的那一天叫作朔日，把有望时刻的那一天叫作望日；并以朔日作为一个朔望月的开始。在历日的安排中，通常为大小月相间，经过

满月

15～17个月，接连有两个大月。

东汉以前的历法中，都是把月行的速度当作不变的常数，以朔望月的周期来算朔，算出的朔后来称作"平朔"。东汉前后发现了月亮运动的不均匀性，此后人们就设法对平朔进行修正，以求出真正的朔，称为"定朔"。首次载有这种修正算法的历法，是刘洪创制的《乾象历》。隋代刘焯的《皇极历》，才把日行也有迟疾（就是地球绕日运动不均匀性的反映）的因素考虑到"定朔"的计算中去。

上元积年

古代历法中一般都设有历元，作为推算的起点。这个起点，习惯上是取一个理想时刻。通常取一个甲子日的夜半，而且它又是朔，又是冬至节气。从历元更往上推，求一个出现"日月合璧，五星连珠"天象的时刻，即日月的经纬度正好相同，五大行星又聚集在同一个方位的时刻。这个时刻称为上元。从上元到编历年份的年数叫作积年，通称上元积年。上元实际就是若干天文周期的共同起点。有了上元和上元积年，历法家计算日、月、五星的运动和位置时就比较方便。中国推算上元积年的工作，首先是从西汉末年的刘歆开始的。刘歆的《三统历》以19年为1章，81章为1统，3统为1元。经过1统即1539年，朔旦、冬至又在同一天的夜半，但未回复到甲子日。经3统即4617年才能回到原来的甲子日，这时年的干支仍不能复原。《三统历》又以135个朔望月为交食周期，称为"朔望之会"。1统正好有141个朔望之会。所以交食也以1统为循环的大周期。这些都是以太初元年十一月甲子朔旦夜半为起点的。刘歆为了求得日月合璧、五星连珠的条件，又设5120个元、23639040年的大周期，这个大周期的起点称作太极上元。太极上元到太初元年为143127年。在刘歆之后，随着交点月、近点月等周期的发现，历法家又把这些因素也加入理想的上元中去。

日、月、五星各有各的运动周期，并且有各自理想的起点。例如，太阳运动的冬至点，月亮运动的朔、近地点、黄白交点，等等。从某一时刻测得的日、月、五星的位置离各自的起点都有一个差数。以各种周期和各相应的差数来推算上元积年，是一个整数论上的一次同余式问题。随着观测越来越精密，一次同余式的解也越来越困难，数学运算工作相当繁重，所得上元积年的数字也非常庞大。这样，对于历法工作就很少有实际意义，反而成了累赘。后经傅仁均、杨忠辅等作尝试性的改革以后，元代郭守敬在创制《授时历》中废除了上元积年。

干支纪年

干支，以六十为周期的序数，用以纪日、纪年等。它以十天干：甲、乙、丙、丁、戊、己、庚、辛、壬、癸，以及十二地支——子、丑、寅、卯、辰、巳、午、未、申、酉、戌、亥顺序相配组成。从甲子、乙丑……直至癸亥。

干支在中国历法史上占有重要地位。早在殷商时代就使用六十干支纪日。一日一个干支名号，日复一日，循环使用，从不间断。中国的历史虽然很长，只要顺着干支往上推，历史日期就清清楚楚。这是中国古代创用干支法的功绩。在古代历法中也使用干支法，只要求出气、朔的干支，其余就一目了然。干支法不但用于纪日，还用于纪年。古人也用十二地支纪时、纪月。地支纪时就是将一日均分为十二个时段，分别以十二地支表示，子时为现在的二十三点至一点，丑时为一点至三点，等等，称为十二时辰。地支纪月就是把冬至所在的月称为子月，下一个月称为丑月，等等。《两千年中西历对照表》（生活·读书·新知三联书店，1956 年版）有西汉平帝元始元年（公元 1 年）以来两千年的年和日的干支。

二十四节气

　　古代一组节令的总称。即自立春至大寒共二十四个节气，以表征一年中天文、季节、气候与农业生产的关系。它是中国古代独特的创造。作为一部完整的农业气候历，在指导中国农业生产上发挥了较大作用，沿用至今。

形成和发展

二十四节气的形成和发展与中国农业生产的发展紧密相连。农业发展初期，由于播种和收获等农事活动的需要，开始探索农业生产的季节规律，出现了春种、夏长、秋收、冬藏的概念。春秋战国以后随着铁制农具的出现，农业生产对季节性的要求更高了，就逐渐形成了节气的概念。春秋时已用土圭测日影定节气。最初只有夏至、冬至，随后逐渐增加了春分、秋分及立春、立夏、立秋、立冬。西汉《淮南子·天文训》中始有完整的二十四节气的记载，它是以北斗星斗柄的方位定节气。定立春为阴历的正月节（节气），雨水为正月中（中气），依此类推。全年共十二节气和十二中气，后人就把节气和中气统称为节气。二十四节气在天文学上是以视太阳在黄道上的位置来确定的。以黄经 0° 为春分，以下每 15° 为一节气，周天为 360° 而成二十四节气。在公历上每个月两个节气的日期也基本固定。二十四节气后传入朝鲜、日本等邻国。日本在江户时代（1603 ~ 1867）开始采用，并传至今日。

名称及含义

二十四节气形成于黄河流域中下游地区，所以其名称和含义基本上反映了这个地区的农业生产季节和农业气候特征。

二十四节气名称及意义

节气	农历	黄经（度）	公历 月	公历 日	意义
立春	正月节	315°	2	4或5	春季开始
雨水	正月中	330°		19或20	开始降雨
惊蛰	二月节	345°	3	5或6	冬眠蛰虫（土螫虫）开始复苏
春分	二月中	0°		20或21	昼夜平分
清明	三月节	15°	4	4或5	天气晴朗、温暖，草木开始现青
谷雨	三月中	30°		20或21	降水明显增加，有利谷物生长
立夏	四月节	45°	5	5或6	夏季开始
小满	四月中	60°		21或22	夏热谷物籽粒开始饱满
芒种	五月节	75°	6	5或6	夏收夏种季节
夏至	五月中	90°		21或22	炎热的时期将至
小暑	六月节	105°	7	7或8	酷暑季节到来
大暑	六月中	120°		23或24	一年中最热的季节
立秋	七月节	135°	8	7或8	秋季开始
处暑	七月中	150°		23或24	炎热的季节即将结束
白露	八月节	165°	9	7或8	气温下降快，夜间多露水
秋分	八月中	180°		23或24	昼夜平分
寒露	九月节	195°	10	8或9	湿度大，气温低，露重而来
霜降	九月中	210°		23或24	天气渐冷，开始结霜
立冬	十月节	225°	11	7或8	冬季开始
小雪	十月中	240°		22或23	开始下雪
大雪	十一月节	255°	12	7或8	雪渐大，可有积雪
冬至	十一月中	270°		21或22	寒冷时期将至
小寒	十二月节	285°	1	5或6	严寒季节到来
大寒	十二月中	300°		20或21	一年中最冷的季节

日法

　　回归年和朔望月的长度都不是整数日，中国古代用分数来表示这两个数据。在唐李淳风以前，不同的历法对朔望月和回归年用不同的分母。

　　西汉刘歆整理而成的《三统历》将朔望月的分母 81 称为日法（历中朔望月的长度为 29+43/81 日），而将回归年的分母称为统法。东汉《四分历》则相反，《四分历》的回归年长度为 365+1/4 日，称 4 为日法；朔望月的长度为 29+499/940 日，称 940 为蔀月。但是，用日法朔望月的分母则较为普遍。李淳风以后，这些有关周期的基本天文数据都用同一个分母来表示。日法的意思就成了把一日分成若干分的总分数。不过有些历法仍对日法用不同的名称，例如，在李淳风《麟德历》中就称为"总法"。

岁实和朔策

清朝的历法称以日为单位的回归年长度为岁实，朔望月长度为朔策。

近代人在历法史研究中也大都沿用这些名称。但是，这两个名称的含义有一个演变过程。唐《崇玄历》中开始用岁实、朔实等名称和数值，但这些数值还必须除以分母"通法"，才得到以日为单位的回归年长度和朔望月长度。宋朝历法中开始有朔策的名称，意义也和朔望月一致。金代的《大明历》中的"岁实"的意义和《崇玄历》相同，而

南怀仁为康熙皇帝制作的浑天仪（清朝）

另一名称"岁策",则是指回归年长度。直到清朝才将朔望月长度定名为朔策,将回归年长度定名为岁实。

闰周

闰周是设置闰月的周期。在阴阳历即中国通用的农历中,12 个朔望月比一回归年约少 11 天,需要设置闰月来调整季节与月份的关系。

在春秋战国时,人们发现 19 个回归年与 235 个朔望月非常接近。"四分历"就是按二者完全相等来制定的,19 年中安排 7 个闰月,就是 19 年 7 闰。但是闰周的名称古人很少使用,古人称 19 为章岁,7 为章闰。后人把章岁和章闰合称为闰周。随着科学发展,19 年 7 闰显得粗略,人们就寻求更精密的闰周。北凉赵歐首次创用 600 年 221 闰的闰周。祖冲之改用 391 年 144 闰,比赵歐更精密。此后 19 年 7 闰法就废了。中国可能在战国时已经发明二十四节气,其中有十二个

中气。西汉制定《太初历》时，规定以无中气之月为闰月，此后都采用这种置闰方法。这时，新的闰周是更精密地测定回归年和朔望月之后的自然结果。它对于安排闰月来说意义就不大了。从唐李淳风的《麟德历》起，就不再定闰周。

第五章

谜图观天——中国古星图和古天文台

《敦煌星图》

这是发现于中国甘肃敦煌莫高窟藏经洞的唐代卷子本星图。现存于英国伦敦大英博物馆。为了与甘肃省敦煌市博物馆收藏的唐代卷子本《紫微宫图》（通称《敦煌星图乙本》）相区别，此图又称《敦煌星图甲本》。图中绘有1350颗恒星，是世界上遗存的最古老的绢制星图。星辰分别用黑点和橙黄色点标出。从12月开始，按照每月太阳位置所在，分12段把赤道附近的星用类似墨卡托圆筒投影的方法画出，然后再把紫微垣画在以北极为中心的圆形平面投影图上。这样就比以前将全天的星都画在一幅圆形的"盖图"或长条形的"横图"上，从而使南天的星或北极附近的星偏离实际位置的画法有很大改进。

严格地说，这卷星图只是当时某一正式星图的草摹本，摹绘者虽然保存了原图的星数和大体轮廓，但圆形图上的内规和横图上的赤道与宿度等基本 z 坐标线都没有画，恒星的位置也不够精确。而正式测绘的星图是不会将这些坐标线略去的，这和时代与之相近的杭州吴越国王钱元瓘墓的石刻星图相比较就可以看出。

这卷星图的年代，李约瑟定为940年，即后晋天福年间；夏鼐定为唐开元、天宝时期。此卷尾绘有戴硬脚幞头的电神，而硬脚幞头在盛唐之末才流行，故此图的绘制时间可能略晚于盛唐。

《敦煌星图》（局部）

苏州石刻天文图

这是鏨刻在一块高2米、宽1.05米的大石碑上的天文图，现存江苏省苏州市文庙。石碑原置苏州文庙戟门口，原有四碑，现存其三：天文图、地理图和帝王绍运图。据地理图下碑文记载，碑石刻于南宋淳祐七年（1247），为永嘉（今浙江温州）人王致远建。原图作者为普成（今四川剑阁附近）人黄裳。他于绍熙元年（1190）向宋太子赵扩献八图，称为"绍熙八图"。其中之一即天文图。

天文图分两部分：上半为一圆形全天星图，下半为说明文字。碑额题"天文图"三字。星图直径约91.5厘米，按照中国古代传统的"盖图"方式绘制。它以天球北极为圆心，画出三个同心圆。内圆称为"内规"，直径19.9厘米，是北纬约35°地方的恒显圈。中圆直径52.5厘米，为天球赤道。外圆称为"外规"，直径85厘米，相当于上述地方恒隐圈的范围。28 条辐射状线条与三圆正向交接，分别通过二十八宿的距星。线端界外注有二十八宿宿度数据。外圈又绘有二同心圆，两圈间交叉密注与二十八宿相配合的十二辰、十二次和州、国分野等各 12 个名称。图下的文字说明，概略叙述天文基础知识。全图共刻恒星 1400 多颗，银河带斜贯星图，黄道为一偏心圆与赤道相交于奎宿和角宿范围内的两点。根据史籍记载和对星图本身的研究，可确定该图是根据北宋元丰年间（1078 ~ 1085）一次恒星观测的资料绘制的。这是现存世界上较早的大型石刻实测星图，已被列为全国重点保护文物。

苏州石刻天文图

北京隆福寺藻井天文图

1977 年夏发现，位于北京隆福寺正觉殿藻井顶部，成于明景泰四年（1453）。天文图用传统盖天画法画在藻井天花板上。

板为正八角形，每边长 75.5 厘米。全板长宽均为 182 厘米，厚 4 厘米。板上裱糊一层粗布底衬，表面涂深蓝色油漆。星象和有关连线及宫次、文学等用沥粉贴金。图中以半径不等的几个同心圆分别显示内、中、外规和重规，还有连接内外规和二十八宿距星的 28 条赤经线，但未标出黄道。最外轮廓线的半径为 87 厘米，画面稍有残缺，现存星数为 1420 颗，属于《步天歌》中的星座系统。经综合分析：

隆福寺藻井

天文图所据母本是一份更为古老的星图，当不晚于唐代。隆福寺天文图作为一幅古老的星象抄本，十分珍贵，现藏北京古代建筑博物馆。

登封观星台

中国古代天文观测台，坐落在河南省登封市东南15千米的告成镇北。中国历代许多天文学家曾到这里进行过天文观测。今观星台南20米处，尚保存有唐开元十一年（723）由天文官南宫说刻立的纪念石表一座，表南面刻"周公测景台"五字。表高196.5

河南登封周公测景台遗址的高表

厘米，约为唐小尺 8 尺，表下石座上面北沿距表 36.6 ～ 37 厘米，切近唐小尺 1.5 尺，故知此表在规制上与《周礼》所载土圭测景说相近。

现存观星台创建于元朝初年，距今约 700 年。它不仅是中国现存最早的天文台建筑，也是世界上重要的天文古迹之一。观星台系砖石混合建筑结构，由盘旋踏道环绕的台体和自台北壁凹槽内向北平铺的石圭两个部分组成。台体呈方形覆斗状，四壁用水磨砖砌成。台高 9.46 米，连台顶小室统高 12.62 米。顶边各长 8 米多，基边各长 16 米多，台四壁明显向中心内倾，其收分比例表现出中国早期建筑的特征。台顶小室是明嘉靖七年（1528）修葺时所建。台下北壁设有对称的两个踏道口，人们可以由此登临台顶。踏道以石条筑成，在环形踏道及台顶边沿筑有 1.05 米高的阶栏与女儿墙，皆以砖砌壁，以石封顶。为了导泄台顶和踏道上的雨水，在踏道四隅各设水道一孔，水道出水口雕作石龙头状。台的北壁正中，有一个直通上下的凹槽，其东、西两壁有收分，南壁上下垂直，距石圭南端 36 厘米。

石圭用来度量日影长短，所以又称"量天尺"。它的表面用 36 方青石板接连平铺而成，下部为砖砌基座。石圭长 31.196 米，宽 0.53 米，南端高 0.56 米，北端高 0.62 米。石圭居子午方向。圭面刻有双股水道。水道南端有注水池，呈方形；北端有泄水池，呈长条形，泄水池东、西两头凿有泄水孔。池、渠底面，南高北低，注水后可自灌全渠，不用时水可排出。泄水池下部，有受水石座一方，为东西向长方形，其上亦刻有水槽一周。

中国著名的天文学家郭守敬在元初对古代的圭表进行了改革，新创比传统"八尺之表"高出 5 倍的高表。它的结构和测影的方法、原理在《元史·天文志》中有较详细的记述。登封观星台的直壁和石圭正是郭守敬所创高表制度的仅有的实物例证。所不同的是，观星台是以砖砌凹槽直壁代替了铜表。经过实地勘测推算。直壁高度和石圭长度等结构与《元史》所载多相符合。

除了测量日影的功能之外，当年的观星台上可能还有观测星象等设施。元初进行"四海测验"时，在此地观测北极星的记录，已载入《元史·天文志》，又据明万历十年（1582）孙承基撰《重修元圣周公祠记》可知，此观星台应当是一座具有测影、观星和计时等多种功能的天文台。

中华人民共和国成立以后，对观星台台体和有关文物进行了加固维修。1961年，国务院公布登封观星台为全国重点文物保护单位。

北京古观象台

北京古观象台在今北京东城建国门立体交叉陆桥的西南角。原名观象台或瞻象台。20世纪30年代，中国建立现代天文台后，人们即逐渐称此台为古观象台。

从《明实录》等有明确纪年可考的历史来看，现存古观象台建于明代正统年间（1436～1449）；但台址和仪器涉及金、元两代司天机构的兴废历史。1127 年，金兵攻陷汴京（开封），将北宋天文仪器迁运至金的都城——中都。元灭金，中都受到破坏，在中都的东北郊新建大都。元世祖至元十六年（1279）春，选择大都城内东南角建造太史院和司天台，地点就在现存的北京古观象台附近。设计者是元代天文学家郭守敬等，参与铸造仪器的还有尼泊尔著名匠师阿尼哥。元亡之后，天文仪器都被运往新都南京，金台和元台荒废。明永乐四年（1406），明成祖朱棣决定迁都北京，但天文仪器仍留南京。钦天监人员只能在北京城东南城墙上仅凭肉眼观候天象。正统二年，钦天监派人去南京，用木料仿制宋代浑仪和元代简仪等，运回北京校验后浇铸成铜仪。正统七年修钦天监、观星台并安装仪器；正统十一年造晷影堂。从此，北京古观象台和台下西侧有了以紫微殿为主的建筑群，大体上具备今天所看到的规模和布局。嘉靖年间（1522～1567），曾对观象台进行过一次大修。明代在观象台上陈设的天文仪器有浑仪和浑象、简仪。陈设在台下的天文仪器有圭表和漏壶。

清康熙八年至十二年（1669～1673），采用欧洲天文学度量制和仪器结构，制造了 6 件大型铜仪：天体仪、赤道经纬仪、黄道经纬仪、地平经仪、象限仪（地平纬仪）、纪限仪（距度仪），并安装在观象台上，台上明制仪器则移往台下。康熙五十四年，台上又安装了一件大型仪器——地平经纬仪。因仪器增加，场地不足，就在紧靠台东侧的城墙顶上，将观象台拓宽约 5 米。

乾隆九年（1744），开始设计和制造玑衡抚辰仪，工期长达 10 年，制成后也安装在观象台上。它实际上是用西法改进的一种浑仪。这是清代在观象台上安装的第 8 件仪器，也是最后一件大型铜仪。

1900 年，八国联军入侵北京，古观象台上下的天文仪器被德、法侵略军洗劫一空。清钦天监为了应对观测任务，临时赶制两小件仪器应用，即折半天体仪（球径比清初天体仪减小一半）和小地平经纬仪。法国人把地平经纬仪、黄道经纬仪、赤道经纬仪、象限仪、简仪等搬入法国驻华使馆，后于 1902 年归还。德国人将劫走的天体仪、地平经仪、纪限仪、玑衡抚辰仪、浑仪等运往柏林。第一次世界大战后，根据和约规定，这些仪器于 1921 年运回北京。1931 年，古观象台下陈列的浑仪、简仪、圭表、漏壶（两个）、小地平经纬仪、折半天体仪共 7 件迁往南京，现陈列于紫金山天文台和南京博物院。北京古观象台留有陈设在台上的 8 件清制天文仪器。

从明正统初年起，到 1929 年止，北京古观象台连续从事观测近五百年。在世界上现存的古观象台中，保持着连续观测最久的历史记录。北京古观象台也以建筑（包括台体和附属建筑群）完整和仪器配套齐全，在国际上久负盛名。清代制造的 8 件铜仪除了造型、花饰等方面具有中国的传统特色外，在刻度、游表等方面，还反映了西欧文艺复兴时代以后大型天文仪器的进展和成就，成为东西方文化交流的历史见证。中华人民共和国成立后，北京古观象台已改建为北京古代天文仪器陈列馆，属于北京天文馆。

第六章

古今『谈』天——中国著名天文学家

石申

一名石申夫，战国时魏国天文学家。据南朝时代梁阮孝绪的《七录》说，石申著《天文》八卷。这大概是石申著作的本名。

《史记·天官书》《汉书·天文志》等汉代史籍中引有石申著作的零星片段，其内容涉及五星运动、交食和恒星等许多方面。汉、魏以后，石氏学派续有著述。他们的书都冠有"石氏"字样。石氏学派著作大多已失传。不过，在唐代有大量节录。其中最重要的是标有"石氏曰"的121颗恒星的坐标位置。计算表明，其中一部分坐标值（如石氏中、外星

官的去极度和黄道内、外度等）可能是汉代所测；另一部分
（如二十八宿距度等）则确与公元前 4 世纪，即石申的时代
相合。

落下闳

落下闳，生卒年不详，活动在公元前100年前后。中国
西汉民间天文学家。字长公，巴郡阆中（今四川阆中）人。

汉武帝元封年间（前 110 ～前 104）为了改革历法，征
聘天文学家，经同乡谯隆推荐，落下闳由故乡到京城长安。
他和邓平、唐都等合作创制的历法，优于同时提出的其他 17
种历法。汉武帝采用该新历，于元封七年（前 104）颁行，
改元封七年为太初元年，新历因而被称为《太初历》。汉武帝
请他担任侍中（顾问），他辞而未受。落下闳是浑天说的创
始人之一，经他改进的赤道式浑仪，在中国用了两千年。他
测定的二十八宿赤道距度（赤经差），一直用到唐开元十三年

（725），才由一行重新测过。落下闳第一次提出交食周期，以135个月为"朔望之会"，即认为11年应发生23次日食。

他知道《太初历》存在缺点——所用的回归年数值（356.2502日）太大，有预见地指出"后八百年，此历差一日，当有圣人定之"。事实上，每125年即差一日，到公元85年就实行改历。

张衡

张衡

张衡（78～139），中国东汉时期著名的科学家。字平子，南阳西鄂（今河南南阳石桥镇）人。自幼勤奋好学，多才多艺。曾担任过郎中、尚书侍郎、太史令、公车司马令、侍中、河间相、尚书等职。

张衡在科学、机械制造、文学、

艺术等方面均有很高的造诣。留传下来的科学和文学著作共有30余篇。他的主要科学著作有《灵宪》和《算罔论》。通过观测实践，他明确提出"宇之表无极，宙之端无穷"（《灵宪》），认识到宇宙的无限性。他指出"月光生于日之所照……当日之冲，光常不合者，蔽于地也"，已认识到月光是日光的反照，并阐述了月蚀（月食）的原因。在制造工艺上，他发明了世界上第一架可测地震方位的仪器——候风地动仪。他创制了世界上最早利用水力转动的浑天仪，并写下了《浑天仪注》。他还制作过三轮自动车和能飞数里的木鸟。

张衡在科学上的成就和他具有朴素的辩证唯物主义思想是分不开的。他曾对迷信的谶纬神学进行过坚决的斗争。汉安帝延光二年（123），有人提出用谶纬神学来改定当时的历法，张衡指出"天之历数，不可任疑从虚，以非易是"（《后汉书·律历志》）。

为纪念伟大的科学家张衡，1955年中国发行了纪念邮票，之后张衡故里又重修了他的坟墓，并在墓前立碑，郭沫若在碑上题词："如此全面发展之人物，在世界史中亦所罕见。万祀千龄，令人敬仰。"

张衡地动仪的复原模型——内部造型

一行

一行（683～727），中国唐代著名的天文学家和佛学家，本名张遂，魏州昌乐（今河南南乐）人。

一行

张遂的曾祖是唐太宗李世民的功臣张公谨。张氏家族在武则天时代已经衰微。张遂自幼刻苦学习历象和阴阳五行之学。青年时代即以学识渊博闻名于长安。为避开武三思的拉拢，剃度为僧，取名一行。先后在嵩山、天台山学习佛教经典和天文数学。曾翻译过多种印度佛经，后成为佛教一派密宗的领袖。中宗神龙元年（705）武则天退位后，李唐王朝多次召他回京，均被拒绝。直到开元五年（717），唐玄宗李隆基派专人去接，他才回到长安。

开元九年，李淳风的《麟德历》几次预报日食不准，玄宗命一行主持修编新历。一行一生中最主要的成就是编制《大衍历》，经检验，《大衍历》比唐代已有的其他历法都更精密。后传入日本，行用近百年。他在制造天文仪器、观测天象和主持天文大地测量方面也有颇多贡献。

苏颂

苏颂（1020～1101），中国宋代天文学家、药物学家。字子容，福建泉州同安人。仁宗庆历二年（1042）进士。先任地方官，后改任馆阁校勘、集贤校理等职九年，得以博览皇家藏书。宋哲宗登位后，先任刑部尚书，后任吏部尚书，晚年入阁拜相，以制作水运仪象台闻名于世。

水运仪象台

元祐元年（1086），苏颂奉命检验当时太史局等使用的各架浑仪。因此想到应有表演的仪器和浑仪配合使用。先前太平兴国四年（979）张思训曾创造水运浑象"太平浑仪"，后因机绳断坏，无人知其制法。苏颂访知吏部令史韩公廉精通数学、天文学，写出《九章钩股测验浑天书》一卷，并造成机轮木样一座。后苏颂和韩公廉于元祐三年集合一批工人制造仪器，元祐七年竣工。这是一座把浑仪、浑象和报时装置三组器件合在一起的高台建筑，整个仪器用水力推动运转，后称水运仪象台，其中有许多突出的发明创造。水运仪象台完成后，苏颂于绍圣初年（约1094～1096）把水运仪象台的总体和各部件绘图加以说明，著成《新仪象法要》一书。

苏颂为了能更直观地理解星宿的昏晓出没和中天，又提出设计一种人能进入浑天象内部来观察的仪器，即假天仪。具体设计仍由韩公廉推算完成。它是用竹木制成，形如球状竹笼，外面糊纸。按天上星宿的位置，在纸上开孔。人进入球内观看，外面的光从孔中射入，呈现出大小不同的亮点，好像夜空中的星星一般。人悬坐球内扳动枢轴，使球体转动，就可以更形象地看到星宿的出没运行。这架仪器是近代天文馆中星空演示的先驱。

郭守敬

郭守敬（1231～1316），中国元代的大天文学家、数学家、水利专家和仪器制造家。字若思，顺德邢台（今河北邢台）人。

郭守敬幼承祖父郭荣家学，攻研天文、算学、水利。少年时代随忽必烈的谋臣刘秉忠读书，结识少年王恂。郭守敬32岁由刘秉忠的同学张文谦推荐而出仕元廷。他多次参加整治华北水道工程，颇有贡献。至元十三年（1276）元世祖忽必烈攻下南宋首都临安，在统一前夕，命令制定新历法，由张文谦等主持成立新的治历机构太史局。太史局由王恂负责，郭守敬辅助。在学术上则王恂主推算，郭主制仪和观测。至元十五年（或十六年）太史局改称太史院，王恂任太史令，郭守敬为同知太史院事，建立天文台。当时，有杨恭懿等来参与共事。经过四年努力，终于在至元十七年编出新历，经忽必烈定名为《授时历》。

郭守敬编制的《授时历》是中国古代一部很精良的历法。王恂、郭守敬等人曾研究分析汉代以来的四十多家历法，吸取各历之长，力主制历应"明历之理"（王恂）和"历之本在于测验，而测验之器莫先仪表"（郭守敬），采取理论与实践相结合的科学态度，取得许多重要成就。

创制多种天文仪器

郭守敬为修历而设计和监制的新仪器有简仪、高表、候极仪、浑天象、玲珑仪、仰仪、立运仪、证理仪、景符等十几种。另外，他还制作了适合携带的仪器四种：正方案、丸表、悬正仪和座正仪。这些仪器中最重要的是简仪和高表。

进行大规模的天体测量

郭守敬主持 27 个地方的日影测量、北极出地高度和二分二至日昼夜时刻的测定。除一些重要城市外，还特别规定从北纬 15° 的南海起，每隔 10° 设点，到 65° 地方为止。除个别有疑问的地点外，北极出地高度的平均误差只有 0°.35。另外，对全天业已命名计数和尚未命名的恒星也作了一次比较全面的位置测定。

推算精确的回归年长度

在大都（今北京），通过三年半约两百次的晷影测量，郭守敬定出至元十四年到十七年的冬至时刻。他又结合历史上的可靠资料加以归算，得出一回归年的长度为 365.2425 日。这个值同现今世界上通用的公历值一样。

废除沿用已久的上元积年、日法

中国古历，自西汉刘歆作《三统历》以来一直利用上元积年和日法进行计算，唐、宋时曾试作改变。《授时历》则完全废除了上元积年，采用至元十七年的冬至时刻作为计算的出发点，以至元十八年为"元"，即开始之年。所用的数据，个位数以下一律以 100 为进位单位，即用百进位式的小数制，取消日法的分数表达方式。

除以上成就外，郭守敬还发展了宋、元时代的数学方法。晚年，郭守敬致力于河工水利，兼任都水监。至元二十八至三十年，他提出并完成了自大都到通州的运河（即白浮渠和通惠河）工程。至元三十一年，郭守敬升任昭文馆大学士兼知太史院事。他主持河工工程期间，制成一些精良的计时仪器。

薛凤祚

薛凤祚（1600～1680），中国明末清初的数学家、天文学家。字仪甫，山东淄博人。曾随魏文魁学习中国历算。后于清顺治九年（1652）在南京结识波兰传教士穆尼阁，随他学习西方自然科学。

康熙三年（1664）薛凤祚编成《历学会通》一书。康熙十九年卒。《历学会通》有正集十二卷，考验二十八卷，致用十六卷。内容涉及天文、数学、医药、物理、水利、火器等，主要是介绍天文学和数学。天文部分有太阳太阴诸行法原，木星、火星、土星经行法原，交食法原，历年甲子，求岁实，五星高行，交食表，经星中星，西域表，今西法选要，今法表等。书中既翻译介绍了欧洲天文学和阿拉伯天文学，也有中国传统的方法，力求融会贯通。他是继《崇祯历书》之后最先系统介绍按第谷体系计算太阳、月亮、行星、交食等方法的天文学家。在计算中首次引进了对数、三角函数对数。将西方的六十进位制改成十进位制，重新编制三角函数对数表，还介绍了 1 至 2 万的常用对数表。

高鲁

高鲁（1877～1947），中国天文学家。字曙青，号叔钦，福建长乐人。

高鲁

他在福建马江船政学堂毕业后，于1905年被选派到比利时留学，获工科博士学位。1909年孙中山在法国巴黎组织同盟会时，他曾参与活动。后来回国任南京临时政府秘书，1912年任北洋政府教育部中央观象台台长。1918年参加在巴黎举行的国际时辰统一会议。1928年任中央研究院天文研究所第一任所长，参与紫金山天文台的选址工作。他是中国天文学会创始人，并发起成立中国日食观测委员会。曾任中国天文学会会长和秘书长，中国日食观测委员会委员兼编纂组主任。著有《图解天文学》《星象统笺》等书。所著《相对论原理》两卷（1922年出版），对相对论在中国的传播有一定的贡献。另外，他还发明过天璇式中文打字机，在国外获奖。

高鲁为人正直，为官清廉。2010年为纪念高鲁，将国际编号为79419的小行星命名为"高鲁星"。

陈遵妫

陈遵妫（1901～1991），中国天文学家。字志元，福建福州人。

1926年陈遵妫毕业于东京高等师范学校数学系，同年回国。他先后参加过南京紫金山天文台和昆明凤凰山天文台的筹建工作。曾任中央研究院天文研究所研究员。担任过中国天文学会总秘书长、理事长，《宇宙》杂志总编辑等职务，主持过《天文年历》的编算工作。中华人民共和国成立后，任中国科学院紫金山天文台研究员兼上海徐家汇观象台负责人。1955年筹建北京天文馆，并任馆长。陈遵妫著译甚多，主要有《流星论》《大学天文学》《恒星图表》《中国古代天文学简史》等专著，普及读物有

陈遵妫

《星体图说》《宇宙壮观》等。完成《中国天文学史》的编著工作。陈遵妫从事天文工作五十多年，对中国现代天文事业的创建做出了贡献。

张钰哲

张钰哲（1902～1986），中国天文学家。福建闽侯（今属福州）人。

1919年张钰哲考入清华学校高等科。1923年赴美，先后就读于普渡大学、康奈尔大学和芝加哥大学。1928年发现1125号小行星，命名为"中华"。1929年秋回国，任中央大学物理系教授。1941年起任中央研究院天文研究所所长。1946～1948年再度赴美进行交食双星光谱研究。中华人民共和国成立后，任中国科学院紫金山

张钰哲

天文台台长直至 1984 年。1955 年当选中国科学院学部委员（院士）。连续当选为一至四届中国天文学会理事会理事长。

　　张钰哲长期致力于小行星和彗星的观测和轨道计算，以及用光电测光方法测定小行星光变周期工作。他和他所领导的行星研究室陆续发现 100 多颗星历表上没有编号的小行星和以"紫金山"命名的 3 颗新彗星。为表彰他在天文学上的贡献，1978 年 8 月的《国际小行星通报》公布，新编号的 2051 号小行星定名为"张"——（2051）Chang。张钰哲的著述甚多，主要有《变化小行星的光电测光》《造父变星仙后座 CZ 的研究》《哈雷彗星轨道的演化趋势和它的古代历史》等。

程茂兰

程茂兰（1905～1978），中国天文学家。河北博野人。

1925年程茂兰赴法勤工俭学，1934年在法国里昂大学数理系毕业，1939年得博士学位。先后在法国巴黎天体物理研究所、里昂天文台、上普罗旺斯天文台从事恒星光谱研究。曾任上普罗旺斯天文台副台长。

早年，他用大陵五型食双星的分光光度测量，否定了当时流行的光速与波长有关的理论。后来研究发射线星，尤其是爆发变星（包括新星、再发新星和共生星）；通过证认不同物理条件下所产生的发射线（许多是禁线），揭示天体上的物理状况和变化过程。还用同样方法研究地球大气发光（极光、夜天光）现象，以确定

程茂兰

地球大气的一些物理状况。曾获得法国教育部颁发的骑士勋章。1957 年回国后，主持中国科学院北京天文台的筹建工作，任台长。曾当选为中国天文学会第二、三届理事会副理事长。他为开创中国现代天文学做出了贡献。

戴文赛

戴文赛（1911 ~ 1979）中国天文学家。福建龙溪（今漳州）人。

1937 年戴文赛留学英国剑桥大学，1940 年以《特殊恒星光谱的分光光度研究》论文获博士学位，1941 年回国。曾任中央研究院天文研究所研究员，燕京大学、北京大学、南京大学教授，南京大学天文系主任。当选为中国天文学会第一、二、三届理事会副理事长。

戴文赛

在多年教育工作中，他主持和编写过多种教材，指导青年教师的教学和科学研究工作，为培养中国天文人才做出了重大贡献。他十分重视科学普及工作，撰写过许多科普文章，经常指导天文爱好者的活动。在恒星和星系方面发表过《星系的质量和角动量的分析》等多篇论文，编著有《恒星天文学》（1965）。20世纪60年代初，提出了"宇观"概念。后期，则侧重于天体演化学的研究，著有《天体的演化》（1977）。晚年对太阳系起源问题作了较全面、系统的研究，提出了一种新星云说。他的《太阳系演化学》（1979）一书是有关这一问题的总结性著作。他还主编《天文学教程》（1961）、《天体物理学方法》（1962）和《英汉天文学词汇》（1974）等书。

王绶琯

王绶琯（1923～2021），中国射电天文学家。福建福州人。1943年王绶琯在重庆毕业于马尾海军学校。1945年赴英国皇家海军学校留学，主修造船。1950
年改攻天文，进入伦敦大学天文台进
行研究工作，1953年回国。先后任中
国科学院紫金山天文台副研究员，中
国科学院北京天文台研究员（1979）、
台长（1979～1987），中国科学院数
理学部副主任（1981～1993）、主任

王绶琯

（1994～1996）。1980年当选为中国科学院学部委员（院士）。
曾任中国天文学会理事长（1985～1989）、中国天文学会名
誉理事长（1989～2021）。

　　回国后，王绶琯在紫金山天文台参加恢复天体物理观测
工作，在上海徐家汇观象台负责提高授时精度的任务。1958
年，参加北京天文台筹建工作。主持建成太阳米波多天线干
涉仪（1967）、分米波复合干涉仪（1974）、综合孔径射电望
远镜（1984）。20世纪90年代，他与苏定强等共创大天区
面积多目标光纤光谱望远镜的初步方案，又提出并推进脉
冲星实测研究项目。他为创建中国射电天文研究等方面做
出贡献，是中国现代天体物理学的奠基者之一。1985年获
国家科学技术进步奖二等奖。1996年获何梁何利基金科学
与技术进步奖。2012年获中国天文学会90周年最高荣誉
奖，2018年当选中国十大科学传播人物，2019年获中国科
学院杰出科技成就奖，2021年被授予第八届全国道德模范

荣誉称号。

1993 年 3171 号小行星被命名为"王绶琯星"。

叶叔华

叶叔华（1927～　　），中国天文学家。广东广州人。

1949 年叶叔华毕业于中山大学数学天文系。1951 年到中国科学院徐家汇观象台工作。1978 年任上海天文台研究员，1981～1993 年任台长。20 世纪 50～70 年代，叶叔华建立并发展了中国的综合世界时系统，在各天文机构的合作下该系统精度从 1963 年起一直保持国际先进水平。1978 年以来，推进有关新技术在中国的建立，并组织中国各天文台参加国际地球自转联测，负责中国甚长基线射电干涉网的建设。90 年代开拓天文地球动力学研

叶叔华

究，负责"现代地壳运动和地球动力学研究"攀登项目，发起"亚太空间地球动力学（APSG）"国际合作项目，1996 年担任首届主席。

1978 年，叶叔华获全国科学大会重大成果奖。1980 年当选为中国科学院学部委员（院士）。1982 年获国家自然科学奖二等奖。1985 年当选为英国皇家天文学会外籍会员。1978 ～ 1988 年任中国天文学会副理事长，其后任名誉理事长。1988 ～ 1994 年当选为国际天文学联合会副主席。1997 年，紫金山天文台把该台发现的小行星 3241 号命名为"叶叔华星"。

第七章

天文『星』河——世界著名天文学家

托勒玫

托勒玫（约100～约170）。古罗马时期天文学家、地理学家、地图学家、数学家。又译托勒密或多禄某。

托勒玫

相传生于上埃及的一个希腊化城市。127～151年在埃及的亚历山大城进行天文观测。他总结了希腊古代天文学的成就，特别是依巴谷的工作。他把用偏心圆或小轮体系解释天体运动的地球中心说加以系统化和论证，后世遂把这种地心体系冠以他的名字。他主要依据依巴谷留下的观测资料，编制了有 1022 颗恒星的黄道坐标和星等的星表，发现北天极在星空中的位置变动，明确提出存在大气折射（蒙气差）现象。他对三角学和球面三角学的发展也做出了重要贡献。所著《天文学大成》是当时天文学的百科全书。另著有《地理学指南》《光学》等。

哥白尼

哥白尼，N.（1473～1543）。波兰天文学家、日心说的创立者、近代天文学的奠基人。

哥白尼生于波兰托伦城。18 岁进克拉科夫大学。1497 年后，先后在博洛尼亚大学、帕多瓦大学和费拉拉大学学习。1503 年在费拉拉大学获得教会法博士学位。同年回到波兰。1512 年后，他在弗龙堡教堂做僧正，把大部

哥白尼

分精力用在天文学的研究上。哥白尼建立起一个新的宇宙体系，即太阳居于宇宙的中心静止不动，包括地球在内的行星都绕太阳转动的日心体系。他系统而明晰地批判了地球中心说，并且从物理学的角度对日心地动说可能遭到的责难提出了答复。他用了30多年的时间去测算、校核、修订他的学说。1543年5月，其主要著作《天体运行论》出版。

哥白尼的学说不仅改变了那个时代人类对宇宙的认识，而且从根本上动摇了欧洲中世纪宗教神学的理论基础。

第谷

第谷，B.（1546～1601）。丹麦天文学家。

第谷生于丹麦克努兹斯图普（今属瑞典）的一个贵族家庭。自幼喜欢观察星辰。1559年进哥本哈根大学学习法律。1562年入莱比锡大学。1563年8月他作了第一个天文观测记录——木星合土星。1565年以后，到欧洲许多地方游学。1572

年 11 月 11 日他发现在仙后座里出现了一颗新星。经过长期观测，他认为这是一颗十分遥远的星（现已测知是银河系的一颗超新星）。1576 年在丹麦王腓特烈二世的资助下，他在汶岛上建立一所宏大的天文台，他称之为天文堡和星堡。在那儿他坚持了二十多年的天文观测。1597 年离开汶岛。1599 年到布拉

第谷

格，任鲁道夫二世的御前天文学家。第二年，他邀请开普勒来当助手。在最后日子里，他将自己生平积累的观测资料赠给开普勒。

第谷是卓越的天文仪器制造家，曾制造过许多大型、精密的天文仪器。赤道式装置在欧洲的流行是与他的工作分不开的。他多年精心观测得到的资料，为开普勒发现行星运动三定律奠定了基础。他本人编制过一份精密的星表，研究过大气折射，发现黄赤交角的变化和月亮运动中的二均差，还重新测定了岁差常数，所得结果为每年 51″。

开普勒

开普勒，J.（1571～1630）。德国天文学家、物理学家、数学家。

开普勒生于德国巴符州威尔镇。1587年进入蒂宾根大学神学院学习，1591年获文学硕士学位。1600年到布拉格，任第谷的助手。次年第谷去世，他继任御前数学家。

1604年，他对在蛇夫座附近出现的一颗超新星（后被命名为开普勒超新星）进行观测和研究；提出大气有质量，建立大气折射的近似定律。1609年出版《新天文学》，提出行星运动第一、第二定律。1611年出版《屈光学》，并改进望远镜。1615年出版的《酒桶新立体几何》一书，是微积分的先声。1619年出版《宇宙谐和

开普勒

论》，公布他所发现的行星运动第三定律。1621 年出版《哥白尼天文学概要》，提出行星运动的开普勒方程。1627 年编成《鲁道夫星表》。

哈雷

　　哈雷，E.（1656 ～ 1742）。英国天文学家、数学家和地球物理学家。

　　哈雷生于伦敦附近的哈格斯顿。1673 年进牛津大学女王学院学习，1703 年任牛津大学教授，1720 年任格林尼治皇家天文台台长。

　　1676 年，哈雷在圣赫勒拿岛建立了南半球的第一个天文台，并测量编制了第一个南天星表和星图。1678 年被选为皇家学会会员。1691 年提出利用金星凌日测定太阳视差的方法。1695

哈雷

年预言月球的平均运动存在长期加速现象。1705 年发表《彗星天文学论说》，阐述 1337 ~ 1698 年观测到的 24 颗彗星的轨道。他发现和预言了哈雷彗星。1717 年还发现了天狼、南河三和大角 3 颗星的自行。在数学方面，哈雷对高等几何、对数计算和三角函数有精深的研究。在地球物理学方面，哈雷首先发现信风，系统研究了主要风系与主要海流的关系；创制蒸发器，利用蒸发器测量地中海海水的蒸发量，成为现代水文学的奠基人之一；制成大西洋和太平洋地磁图。

赫歇耳

赫歇耳，F.W.（1738 ~ 1822）。英国天文学家。

赫歇耳生于德国汉诺威。1757 年移居英国。1779 年起，用自制望远镜从事巡天观测。1781 年 3 月发现太阳系中新的行星——天王星。随后被聘为宫廷天文学家。1783 年推断出太阳有向武仙座方向的空间运动。1785 年，他用统计恒星数目的方法证实银河系为扁平状圆盘的假说。1787 年和 1789 年先后发现天王星和土星各有两颗卫星。英国皇家学会为此授予他柯普莱奖章，并选他为会员。1782 ～ 1821 年三次刊发包含 656 对新发现的双星的星表。1802 ～ 1804 年，他发现大多数双星中都有一星绕另一星的轨道运动。1786 ～ 1802 年三次出版

赫歇耳

星团和星云表，记录 2500 个星团和星云。1820 年成为英国皇家天文学会首任会长。

哈勃

哈勃，E.P.（1889 ～ 1953）。美国天文学家、星系天文学的奠基人、观测宇宙学的开创者之一。

哈勃生于密苏里州马什菲尔德。1910 年毕业于芝加哥大

哈勃

学天文系。1917 年获美国叶凯士天文台博士学位。1919 年起在威尔逊山天文台工作，直到去世。1914 年他提出有一些星云是银河系内的气团。他发现亮银河星云的视直径同使星云发光的恒星亮度有关，并推测另一些星云，特别是具有旋涡结构的、可能是更遥远的天体系统。1924 年发现仙女座大星云的造父变星，并推算出它在银河系之外。1929 年发现星系的距离越远则红移越大，即哈勃定律。1925 年提出河外星系的形态分类法，即哈勃分类法。此法一直沿用至今。哈勃的《星云世界》和《用观测手段探索宇宙学问题》都是现代天文学名著。